Caisses Agricoles Mutuelles

DE RETRAITES

COMMENTAIRES

Par E. VORON

Secrétaire général de l'Union du Sud-Est

STATUTS-TYPES

adoptés par le Comité de Contentieux et de Législation
de l'Union du Sud-Est

(Premier mille)

GRENOBLE
IMPRIMERIE ET LITHOGRAPHIE VALLIER ÉDOUARD ET Cⁱᵉ
Rue Championnet

1900

Caisses Agricoles Mutuelles

DE RETRAITES

COMMENTAIRES

Par E. VORON

Secrétaire général de l'Union du Sud-Est

STATUTS-TYPES

adoptés par le Comité de Contentieux et de Législation
de l'Union du Sud-Est

(Premier mille)

GRENOBLE

IMPRIMERIE ET LITHOGRAPHIE VALLIER ÉDOUARD ET Cⁱᵉ
Rue Championnet

1900

INTRODUCTION

Il faut que les travailleurs agricoles aient une pension dans leur vieillesse. Il le faut, pour que de leur vie soit écarté ce cauchemar de la misère noire sur les vieux jours. Il le faut, pour que l'agriculture ne soit pas abandonnée pour des carrières qui procurent des retraites. Il le faut. C'est une évidence ; une plus ample démonstration serait inutile.

Cette pension ne saurait être fournie par l'impôt. — D'abord, il n'y pourrait suffire. Il faudrait, au bas mot, par an un demi-milliard, un milliard peut-être. Comment ajouter pareille somme à un budget aussi chargé que le nôtre ?

Et puis, ce serait aussi antisocial et immoral. Car ce serait supprimer l'utilité de l'effort, source de tous les progrès, et encourager l'imprévoyance, avec tous les vices qui lui font escorte.

Cette pension, les intéressés ne peuvent l'attendre que de leur *prévoyance*, de leurs efforts personnels et persévérants ; s'imaginer qu'un État-Providence se chargera jamais du soin de tous les vieux et de tous les invalides, c'est se leurrer d'un espoir chimérique et funeste et se préparer un bien triste avenir. Les sages sont ceux qui s'en tiennent à cette immuable vérité : « On ne récolte qu'après avoir semé » ; et qui sèment, dans leur jeunesse, épargne et travail, pour récolter, dans leur vieillesse, tranquillité et sécurité.

Mais la prévoyance doit être inspirée et encouragée.

Pour arriver à la création de caisses mutuelles de retraite à circonscription restreinte, telles que nous les concevons, il faut que les hommes instruits et influents en prennent l'initiative, recueillent les adhésions, que les gens aisés en deviennent les bienfaiteurs. Il faut donc partout des bonnes volontés agissantes, et nous avons le ferme espoir qu'elles surgiront nombreuses, si ceux à qui s'adressent ces lignes prennent la peine de réfléchir à l'opportunité d'organiser les retraites.

Car, y réfléchissant, ils acquerront, comme nous, la conviction que c'est une nécessité sociale d'appeler et d'encourager le travailleur agricole à la prévoyance; un devoir, par conséquent, pour quiconque a reçu en partage l'influence, l'instruction, la fortune.

Il y a quelques années, on aurait pu désespérer d'arracher les cultivateurs à leur isolement et à leur apathie. Aujourd'hui, grâce aux syndicats, s'est éveillé en eux un esprit fécond d'association et de mutualité, qu'il suffira de développer sous cette nouvelle forme.

On peut dire qu'en général, il n'existe aujourd'hui, dans les campagnes, nulle organisation sérieuse de retraite.

Les Sociétés de secours mutuels, organisées surtout en vue de la maladie, donnent aussi des pensions à leurs membres âgés, mais celles-ci sont facultatives, fort minimes, et très peu nombreux en sont les bénéficiaires. Nos Caisses de retraites n'entrent nullement en lutte avec ces Sociétés, à côté desquelles elles ont leur raison d'être.

Il existe aussi des Sociétés qui, moyennant un versement minimo, promettent, au bout d'un court délai, de fortes pensions. Ces Sociétés ont fait, à leurs fondateurs, une situation privilégiée; elles ont été sévèrement jugées au Sénat par M. Lourties et, à la Chambre, par M. Audiffred; elles ont été condamnées par l'art. 2 de la loi du 1er avril 1898 (1). Il ne faut pas hésiter à en détourner les travailleurs, et à constituer, en face d'elles, de vraies Caisses mutuelles, à circonscriptions restreintes, pourvues d'une administration locale, de nature à attirer sans réserve la confiance des participants et la bienveillance des honoraires.

L'Union des Syndicats agricoles du Sud-Est, désireuse de favoriser autant qu'il est en son pouvoir la création de Caisses mutuelles, a fait rédiger, par son Comité de Législation et du Contentieux, des projets de statuts qui sont insérés dans cette brochure, et précédés d'explications de nature à en faciliter l'intelligence et l'application. Elle reste à la disposition des fondateurs pour leur donner les explications dont ils pourraient avoir besoin.

---

(1) A propos de l'article 2, M. Audiffred, rapporteur à la Chambre, s'est exprimé de la façon suivante :

« Ce que nous voulons, c'est fermer la porte à des institutions qui n'ont rien de commun avec la prévoyance et qui peuvent s'établir dans un but de spéculation, ou plutôt qui comprennent si mal la prévoyance, qu'elles font à certains de leurs membres des avantages hors de proportion avec les cotisations qu'ils apportent.

(Séance du 9 mars 1856. — Voir aussi le rapport, *Journal Officiel*, Doc. Parl. de mars 1895, p. 167.)

M. Lourties, toujours à propos du même article, a fait, dans son rapport au Sénat, une étude très approfondie de la fausse mutualité. Nous en extrayons les passages suivants :

« Il exclut de la mutualité les Sociétés qui, dans une ou plusieurs branches de l'activité mutualiste, créent, au profit de telle ou telle catégorie de leurs membres, des avantages particuliers................

« C'est ce que la Commission de la Chambre des Députés et la Chambre elle-même n'ont pas voulu, et on ne saurait que les en louer. Or, c'est le cas d'un certain nombre de Sociétés qui n'ont, à la vérité, de la mutualité que le nom, telles que *les Prévoyants de*

À l'œuvre donc! Les agriculteurs sont gens habitués aux besognes longues et patientes. Ils ne se laisseront pas rebuter par la longueur du chemin à parcourir avant de toucher au but. À tout prendre, la tâche est facile. Des sacrifices légers pour les travailleurs, 12 francs par an suffisent à la rigueur. Pas même un sou par jour! Un peu de dévouement de la part de la classe patronale, et nous atteindrons ce beau résultat d'illuminer la vie pénible du cultivateur par la perspective de la tranquillité sur ses vieux jours, d'assurer l'existence du vieillard après une vie de labeur, tout en développant chez les adhérents l'esprit d'épargne, l'esprit de famille, de fraternité et de charité.

À l'œuvre, sans retard, pour les travailleurs, pour l'agriculture et pour la France!

---

l'Avenir, la France prévoyante, le Grain de blé et autres sociétés similaires pires encore, *l'Avenir du Prolétariat*, par exemple.

« Là, les fondateurs se sont fait une situation privilégiée, même léonine, au détriment des adhérents qui se groupent en trop grand nombre, hélas! autour d'eux.

« Ces Associations, qu'il importe d'empêcher de confondre avec les vraies mutualités, recueillent, pendant de nombreuses années, des cotisations destinées à produire un capital inaliénable, dont les revenus seront, à partir d'une certaine époque, partagés entre les souscripteurs les plus anciens, ceux qui ont vingt ans de sociétariat, comme dans les « Prévoyants de l'Avenir », ou quinze ans seulement, comme dans la « France Prévoyante. »

« Or, il résulte d'études des plus sérieuses et des plus précises faites par les plus éminents actuaires, MM. Prosper de Laffite, Marie et le regretté Beziat d'Audibert, auxquels nous empruntons les chiffres qui vont suivre et dont le témoignage, en pareille matière, fait autorité, que ces Associations sont organisées de telle façon que l'avenir réserve à une certaine catégorie de membres participants les plus amères déceptions quand viendra l'heure de la retraite....... »

(*Officiel* 1898, Sénat, Annexe n° 100, p. 816.)

NOTES

relatives à la création, par un Syndicat agricole

D'UNE

Caisse Mutuelle de Retraites

—————————

L'État a créé, en 1850, une CAISSE NATIONALE DES RETRAITES, instituée pour recueillir et faire fructifier, par l'accumulation des intérêts, l'épargne réalisée par les déposants en vue de s'assurer une pension de retraite pour leurs vieux jours.

Cette Caisse, régie aujourd'hui par la loi du 20 juillet 1886 et le décret du 28 décembre 1886, fonctionne sous la garantie de l'État. Elle est d'un accès facile, étant représentée partout par les percepteurs et les receveurs des postes ; elle reçoit les plus modestes épargnes.

CHACUN PEUT Y RECOURIR ISOLÉMENT et se constituer ainsi une retraite. On le fait pourtant peu dans les campagnes. Sur 1.476.358 déposants que la Caisse a vu affluer dans ses bureaux depuis sa fondation, on ne compte que 12.238 agriculteurs ! Pas même un pour cent.

IL VAUT MIEUX POURSUIVRE LA RETRAITE A L'AIDE DE CAISSES MUTUELLES, ayant la retraite pour but exclusif, et qui pourront du reste utiliser elles-mêmes la Caisse nationale. Il n'y a à cela que des avantages. Un groupement local, en effet, entraînera dans son mouvement les indécis, les indifférents, ceux qui sans cela n'y auraient pas songé. Il aura des membres honoraires, recevra des subventions, de l'État, du département, de la commune, du syndicat, et procurera ainsi à ses membres des retraites bien supérieures à celles qu'ils auraient eues par leur seul effort, sans compter quelques avantages, comme des secours aux veuves et orphelins, et les bons rapports de fraternité et d'aide mutuelle qu'établissent entre les membres le lien commun de l'association.

Il existe en France et en grand nombre des sociétés de secours mutuels, dont le but principal est de procurer à leurs membres les soins médicaux et pharmaceutiques, et une indemnité en cas de maladie; à cet égard, elles rendent de grands services. Ces sociétés essaient bien aussi de servir des pensions viagères ; elles font dans ce but de louables efforts, mais leur organisation est à ce point de vue insuffisante, car d'une part elles ne garantissent rien (les participants ne savent pas ce qu'ils auront, beaucoup même n'auront rien), et d'autre part, le montant de la pension est ordinairement fort réduit.

Aussi les mutualistes, engagés actuellement dans des sociétés de ce genre, ne doivent pas en général compter sur une retraite sûre et importante.

La seule organisation qui pourra leur donner des résultats sérieux, sera une Société créée spécialement dans ce but, avec ressources spéciales. Ils pourront y adhérer, du reste, sans abandonner leur Société, ni les chances minimes de retraite qu'ils pourraient y avoir.

De nombreux et éminents mutualistes, réunis au Congrès de Reims en 1898, ont parfaitement reconnu, conformément à ce que nous venons de dire, « que de longtemps encore les Sociétés de Secours Mutuels et de Retraites ne pourront arriver à constituer des rétites s'élevant au chiffre de 360 francs, et qu'aucune illusion ne doit être donnée aux mutualistes sur ce point. »

Que ces sociétés soient donc considérées surtout comme destinées à garantir contre la maladie !

POUR LA RETRAITE, CRÉONS DES SOCIÉTÉS DISTINCTES. RECEVANT DES COTISATIONS SPÉCIALES.

Depuis la loi du 1er avril 1898, on peut librement créer des sociétés ayant pour but exclusif la retraite, dans une circonscription librement délimitée. L'approbation, si on la sollicite, devra être accordée. A tous ces égards, la loi nouvelle édicte des dispositions libérales en progrès sur la réglementation antérieure, dispositions qui, du reste, sur plus d'un point, rappellent celles de la loi du 21 mars 1884, la charte organique des syndicats.

C'est par L'ASSOCIATION PROFESSIONNELLE que le législateur a fait son apprentissage d'une liberté qu'il concède aujourd'hui à la Mutualité et devrait généraliser sans parti pris.

C'est par là aussi que les agriculteurs ont appris à se connaître, à se grouper. Le syndicat a été le point de départ, il doit rester le point d'appui. LES CAISSES DE RETRAITES ONT TOUT INTÉRÊT A S'UNIR TRÈS ÉTROITEMENT AUX SYNDICATS, ou, pour mieux dire, il appartient aux syndicats de prendre l'initiative des Caisses de retraites, d'en fonder à côté d'eux. ET NOS EXPLICATIONS AURONT TRAIT SURTOUT AUX CAISSES SYNDICALES.

Que faut-il en effet pour la création et le développement des Caisses Mutuelles de retraites? DES FONDATEURS qui deviennent des administrateurs; des auxiliaires dévoués pour aider à la direction; puis des MEMBRES HONORAIRES ET DES MEMBRES PARTICIPANTS; et comme je suppose la circonscription très restreinte, il faut aussi les organiser en UNIONS pour grouper, diriger, consolider les petites unités.

On trouvera tout cela dans les syndicats agricoles.

Le Bureau du Syndicat est tout indiqué pour prendre l'initiative. Il trouvera des auxiliaires dans les syndics ou ses membres influents qu'il connaît bien. Et comme l'association professionnelle agricole présente cette heureuse particularité, de compter dans son sein à la fois des propriétaires et des fermiers aisés d'une part, d'autre part de petits propriétaires et des travailleurs agricoles, on peut espérer que, déjà animés de l'esprit fraternel de l'association, les riches n'hésiteront pas à devenir membres honoraires, tandis que les pauvres, gagnés par ailleurs aux idées de prévoyance, s'empresseront de profiter des avantages qui leur seront offerts.

Enfin les Unions de Syndicat sauront bien faire surgir à côté d'elles des Unions de Caisses Mutuelles de Retraites.

LA MUTUALITÉ A DONC LA DES CADRES TOUT PRÉPARÉS. IL SUFFIT DE LES UTILISER.

LE SYNDICAT RENDRA ENCORE BEAUCOUP D'AUTRES SERVICES :

Il pourra prêter ses locaux et son personnel s'il en a ;

Il mettra au service de l'Association son Bulletin pour les communications de tous genres ;

En Assemblée générale du Syndicat on ne manquera pas, pour le faire connaître, de mentionner ce service annexe;

Enfin les ressources disponibles ne pourront trouver un meilleur emploi. Elles iront grossir le fonds commun.

Quel système financier adoptera-t-on ?

C'est là le point le plus délicat.

Deux systèmes principaux sont en présence : LE LIVRET INDIVIDUEL et LE FONDS COMMUN.

Avec le 1er système, la retraite est assurée par des versements faits au nom du sociétaire sur un livret qui est sa propriété. S'il sort de la société, il l'emporte.

Avec le 2e système, les ressources servent à la constitution d'un fonds commun appartenant à la Société, qui sera utilisé, le moment venu, en retraites pour les sociétaires.

NOUS CROYONS QUE CES DEUX SYSTÈMES DOIVENT ÊTRE COMBINÉS.

AU LIVRET INDIVIDUEL SERONT VERSÉES TOUTES LES COTISATIONS DES MEMBRES PARTICIPANTS.

AU FONDS COMMUN RESTERONT LES COTISATIONS DES HONORAIRES, LES DONS, LES LEGS, LES SUBVENTIONS.

De cette façon, les participants seront sûrs de garder le fruit de leur épargne, ils en garderont la propriété et ils pourront emporter leur livret en cas de départ, leurs droits étant ainsi tout réglés ; enfin il se formera en outre une masse commune, une réserve professionnelle qui permettra d'allouer aux fidèles de la Caisse et de la profession un supplément de retraites.

Nous avons pensé qu'ainsi, d'une part, les participants hésiteront moins à faire un versement qui n'est pas destiné à une collectivité vague, mais à eux-mêmes, et dont ils emporteraient le bénéfice en partant ; que d'autre part les honoraires, les syndicats verseront plus volontiers des sommes qu'ils sauront devoir être réservées aux membres de la Caisse, c'est-à-dire à ceux qui en feraient encore partie au moment de la constitution de leurs retraites

Ceci dit sur l'organisation générale, voyons les détails.

Circonscription

Elle peut être déterminée librement. L'expérience a démontré la supériorité des petites circonscriptions ; une ou deux communes, au besoin un canton.

Sociétés libres ou approuvées

Deux types principaux (il en existe un troisième que nous croyons inutile de mentionner) s'offrent à l'option des fondateurs de Caisses: LA FORME LIBRE et LA FORME APPROUVÉE.

SOUS LA FORME LIBRE, la Société se crée et s'administre librement. Elle n'est soumise à aucune autorisation préalable et peut fonctionner un mois après le dépôt de ses statuts à la sous-préfecture. Elle place ses fonds comme elle l'entend ; elle peut recevoir des libéralités, mais à la condition de s'y faire autoriser. Elle peut posséder les immeubles nécessaires à ses services. Elle n'est soumise à aucun contrôle et doit seulement, chaque année, fournir quelques données de statistique.

Mais par contre, elle ne jouit d'aucun privilège.

SOUS LA FORME APPROUVÉE, la Société, au contraire, JOUIT DES PRIVILÈGES SUIVANTS :

Les communes sont tenues de fournir, aux sociétés approuvées qui le demandent, les locaux nécessaires à leurs réunions, ainsi que les livrets et registres nécessaires à l'administration et à la comptabilité. (Voir art. 18 de la loi).

Ces mêmes sociétés sont exemptes de certaines charges fiscales, et notamment du timbre de quittance sur les reçus des cotisations, ou sur les reçus des sommes versées aux pensionnaires (art. 19 de la loi).

Elles peuvent verser leurs fonds à la Caisse des Dépôts et Consignations, et il leur est servi UN INTÉRÊT DE 4 1/2 0/0 (art. 21 de la loi).

Elles ont droit AUX SUBVENTIONS.

Elles peuvent acquérir sans autorisation des immeubles de placement jusqu'à concurrence des trois quarts de leur avoir. Pour ceux destinés à leurs services, il faut, règle curieuse si on la compare à celle qui régit les sociétés libres, une autorisation.

Et de QUELLES OBLIGATIONS sont payés ces avantages ?

La Société doit se faire approuver par arrêté ministériel, mais cette approbation DOIT être accordée ; elle ne peut être refusée que dans les deux cas suivants : 1° pour non conformité des statuts avec les dispositions de la loi ; 2° si les statuts ne prévoient pas des recettes proportionnées aux dépenses nécessitées pour la constitution des retraites garanties. En cas de refus d'approbation, un recours, dispensé de tout droit, peut être formé, sans le ministère d'avocat, devant le Conseil d'Etat.

Les sociétés approuvées sont aussi soumises à un certain contrôle. Dans les trois premiers mois de chaque année, elles doivent adresser au Ministre de l'intérieur, par l'intermédiaire des préfets, indépendamment de la statistique exigée par l'art. 7, le compte rendu de leur situation morale et financière. Elles sont tenues aussi de communiquer leurs livres, registres, procès-verbaux et pièces comptables de toute nature, aux préfets et sous-préfets ou à leurs délégués. Cette communication a lieu sans déplacement, sauf le cas où il en serait autrement ordonné par arrêté du préfet.

Enfin, ajoutons qu'aux termes de l'art. 28 de la loi, les sociétés approuvées ne doivent pas accorder à leurs membres des pensions supérieures à 360 fr., ni accepter des sociétaires qui s'affilieraient à plusieurs sociétés en vue de se constituer une pension supérieure à ce chiffre, et ceci sous peine de perdre le droit aux exemptions fiscales, à l'intérêt de 4 1/2 et aux subventions.

A raison de tous les avantages concédés, et spécialement du taux de faveur de 4 1/2 servi par la Caisse des Dépôts et Consignations et des subventions, malgré la tutelle qui en est le prix, et la limite de 360 fr. dont nous venons de parler et qui gênera assez peu les agriculteurs, l'approbation sera sans doute demandée par la majorité des Caisses de retraites rurales.

Aussi, DANS LA SUITE DE CES EXPLICATIONS, AURONS-NOUS TOUJOURS EN VUE UNE CAISSE APPROUVÉE, sauf à indiquer ensuite quelles sont les règles particulières aux sociétés libres. De même nos statuts sont ceux d'une Caisse approuvée ; nous avons indiqué ensuite les modifications à y introduire pour une Caisse libre.

La Caisse comprend des membres honoraires et des membres participants

La définition en est donnée aux articles 3 et 4 des statuts. Les membres honoraires sont ceux qui contribuent aux charges, sans participer aux avantages. Les membres participants ont droit aux avantages en échange de leur cotisation.

A vrai dire, la définition du membre honoraire n'est pas tout à fait exacte, car les statuts, d'accord avec la loi, prévoient que s'il est frappé de revers de fortune, il peut être admis à bénéficier des avantages procurés par la Société (art. 36).

Aussi voudrions-nous voir les membres du Syndicat coopérer tous à la Caisse de retraite et se partager d'eux-mêmes en membres honoraires et en actifs suivant leur fortune et le besoin qu'ils peuvent avoir de se procurer une pension. Et si quelques-uns hésitent, sentant que si leur situation actuelle leur permet d'être bienfaiteur, l'avenir peut la modifier, qu'ils se fassent inscrire comme membres participants, et si l'avenir leur a été clément à l'heure de la retraite, ils seront toujours à temps d'en abandonner les arrérages, soit au profit du fonds commun, soit en faveur d'un ou plusieurs membres pour augmenter leurs retraites.

TOUS LES MEMBRES DOIVENT FAIRE PARTIE DU SYNDICAT. S'ils cessent d'en faire partie, ils sont rayés de la Caisse. Cette disposition nous paraît à la fois sage et légale. On pourrait se demander si l'art. 7 de la loi de 1884 ne fait pas obstacle à ce qu'on raye de la Caisse les membres qui sortent du Syndicat. Nous répondrons que cet article ne serait un obstacle que si les participants avaient contribué au patrimoine commun par leurs cotisations ou versements de fonds ; or, ils n'y ont pas contribué puisque leurs cotisations ont été intégralement versées sur leur livret individuel.

La Société comprendra-t-elle des enfants et des femmes mariées ?

Oui, et pour leur en faciliter l'accès, l'art. 6 des statuts dispose que : sont considérés comme faisant partie du Syndicat, la femme et les enfants d'un syndiqué qui habitent avec lui. Si le père de famille meurt, que la femme se fasse inscrire. Quant aux orphelins, jusqu'à 21 ans, ils conserveront, après le décès de leur père et de leur mère, le droit de faire partie de la Caisse, sans avoir à se faire inscrire au Syndicat (V. art. 6).

Il est très utile d'affilier LES ENFANTS A L'ASSOCIATION, d'abord pour les accoutumer aux idées de prévoyance, ensuite parce qu'en commençant de bonne heure, ils se ménageront une bien plus belle retraite. Les mineurs peuvent faire partie de la Société sans l'intervention de leur représentant légal. Cette intervention sera requise pour la Caisse nationale.

Quant AUX FEMMES MARIÉES, elles peuvent, sans l'assistance de leur mari, s'affilier à la Société et verser à la Caisse nationale.

Il importe ici d'appeler l'attention sur l'art. 13, 5ᵉ alinéa de la loi de 1886, sur la Caisse nationale des retraites.

TOUT VERSEMENT FAIT PENDANT LE MARIAGE, PAR L UN DES DEUX CONJOINTS, PROFITE SÉPARÉMENT A CHACUN D'EUX PAR MOITIÉ.

Ainsi, l'homme marié qui prend un livret individuel crée une rente non seulement sur sa tête, mais aussi sur la tête de sa femme, moitié chacun.

Il n'y a rien là qui puisse le faire reculer, au contraire, mais c'est un élément dont il faut tenir compte pour la rente à constituer.

Ce résultat se produira, que la femme fasse ou non partie de la Société, mais nous estimons qu'elle fera bien de se faire inscrire afin de se ménager un droit à la retraite complémentaire, servie sur fonds commun par la Société à ses membres seulement. Si le mari et la femme se font inscrire à la Société, ils devront verser chacun la cotisation fixée, et ils toucheront ainsi la totalité de la rente.

Quel est l'âge maximum à fixer ?

Nos statuts ne fixent pas d'âge minimum; il est bon au contraire DE FIXER UN AGE MAXIMUM : 45 ans, par exemple paraît une limite extrême.

Les motifs de cette règle se devinent aisément. Des participants trop âgés n'arriveraient pas à se constituer une retraite suffisante ; ils seraient une charge pour la Société ; de plus, une limite rigoureuse décidera les hésitants à s'affilier ; enfin, pour obtenir les subventions prévues par la loi du 29 décembre 1895, il faut 19 ans de prévoyance, il en faut 15 pour avoir droit aux allocations ou aux pensions de la Caisse.

Il conviendra cependant au début, mais pendant une période limitée, d'admettre plus largement et même sans limite d'âge, afin que les travailleurs âgés n'aient pas trop à regretter d'être nés trop tôt, et avant que ne se vulgarise la mutualité.

Nous voulons espérer que les bienfaiteurs seront d'autant plus nombreux, pour permettre aux associations nouvelles de faire face à ces charges exceptionnelles et pourtant si naturelles.

Chiffre de la cotisation

Nous estimons qu'une cotisation de 12 fr. par an au moins doit être demandée aux participants, 1 fr. par mois. 16 fr. (1) ou 20 fr. par an vaudraient encore mieux. Avec des cotisations moindres, on arriverait à des chiffres dérisoires de retraite. Du reste, les participants ont le droit de faire des versements supplémentaires.

Par contre, une cotisation de 6 fr. nous paraît suffisante pour les membres honoraires. Une cotisation trop élevée en limiterait le nombre, et les personnes généreuses qui voudront participer plus largement à la prospérité de la Caisse en trouveront aisément les moyens.

Administration

L'administration de la Société comprendra trois opérations principales :

Recevoir les fonds.

Les employer.

Les attribuer aux ayants droit.

RECEVOIR LES FONDS. — Nos articles 26 et 28 décident que les cotisations des participants seront versées par quart et par trimestre, le 1er dimanche du mois qui précède le commencement de chaque trimestre, afin que les fonds puissent être re-

---

(1) La cotisation de 16 fr. par an, soit 4 fr. par trimestre, a l'avantage de se prêter facilement au partage des sommes versées par un des époux pendant le mariage. La cotisation de 3 fr. donnerait 1,50 pour chacun, et on sait que la Caisse ne reçoit qu'un nombre exact de francs. On pourrait alors demander 3 versements de 4 fr. au lieu de 4 de 3 fr.

mis avant cette date à la Caisse nationale. Les versements des participants constituent les recettes normales.

Les recettes complémentaires comprennent les cotisations des honoraires, les libéralités et les subventions, les intérêts.

Pour les cotisations des membres honoraires, on trouvera facilement le moyen le plus convenable de les percevoir.

La loi du 20 juillet 1895 attribue aux sociétés de secours mutuels approuvées possédant des caisses de retraites, les trois cinquièmes des fonds abandonnés des caisses d'épargne.

Ces sociétés ont droit aussi aux arrérages de dotations et à des subventions annuelles de l'État, dont la répartition doit être faite suivant un barème qui n'est point encore arrêté (art. 26 de la loi).

Les départements et les communes ne refusent point non plus ordinairement leur appui pécuniaire.

Ils ont même un intérêt tout spécial à le fournir, afin de diminuer, dans l'avenir, les charges d'assistance qui résultent pour eux de la loi du 15 juillet 1893, sur l'assistance médicale gratuite.

Ajoutez les libéralités des associations ou des particuliers. Vous aurez là une source abondante de revenus. Les administrateurs doivent y veiller et provoquer au besoin des générosités. La Caisse ne peut accepter les dons et les legs qu'à la condition de s'y faire autoriser. Cette règle ne s'applique pas aux subventions.

EMPLOYER LES FONDS. — Nous avons déjà indiqué l'emploi respectif des diverses recettes sociales.

Les versements des participants vont intégralement à la Caisse nationale des retraites. C'est en effet aujourd'hui le seul moyen d'établir des livrets individuels. La loi prévoit bien aussi des livrets sur Caisse autonome. Mais la constitution de Caisses autonomes suppose la promulgation d'un règlement d'administration publique qui n'a pas encore paru et ne paraîtra peut-être pas de si tôt. C'est pourquoi nous nous servons du seul organisme aujourd'hui possible, la Caisse nationale, sauf à recourir aux Caisses autonomes quand il pourra en être constitué.

Nous rappelons ici qu'aux termes du décret du 28 décembre 1886, les versements à la Caisse nationale, de 1 fr. au moins et sans fraction de francs, sont reçus à Paris, à la Caisse des dépôts et consignations; dans les départements par les trésoriers-payeurs généraux et receveurs particuliers des finances, chez les percepteurs, chez les receveurs des postes.

La Caisse nationale est donc très abordable, puisque toutes les communes de France doivent recevoir la visite du percepteur une fois par mois. (On pourra s'organiser dans chaque commune pour recueillir l'argent avant le jour fixé pour le passage du percepteur, afin de le lui remettre à ce moment.)

L'ÉTABLISSEMENT DES LIVRETS INDIVIDUELS exige quelques justifications, qui seront aisément fournies sur les indications du percepteur et d'après les instructions de la Caisse, qu'il est facile de se procurer. Il faut notamment produire des actes de naissance, mais ils sont fournis gratuitement par les mairies.

Les versements à la Caisse nationale peuvent s'effectuer, soit à CAPITAL ALIÉNÉ, soit à CAPITAL RÉSERVÉ.

Qu'est-ce à dire ? A capital aliéné, le mot l'indique, c'est un versement à fonds perdu, mais bien entendu la rente servie sera plus forte.

A capital réservé, le titulaire garde la propriété des fonds versés ; il en retirera la rente à l'âge fixé pour la retraite, et ses héritiers retireront le capital.

A toute époque le titulaire, qui s'est d'abord réservé le capital, peut l'aliéner ; il aura ainsi une rente plus forte, moins forte néanmoins que s'il l'avait aliéné dès le début.

Voici un exemple : Au taux actuel qui est de 3,50 0/0, un versement de 12 fr. depuis l'âge de 20 ans jusqu'à 65 ans produit :

A capital réservé, une rente de.................... 147 fr. 22 qui sera payable de 65 ans jusqu'au jour de la mort.

A ce moment, les héritiers retireront l'intégralité du capital versé, soit.....:................ 540 »

Si au bout de 20 ans, c'est-à-dire à 40 ans, le titulaire avait aliéné son capital, il toucherait, de 65 ans à sa mort.............................. 226 34

S'il n'aliène qu'à 65 ans, il touchera............ 188 26

S'il avait aliéné dès le début, il eût touché...... 237 12

Mais dans ces 3 derniers cas, il n'y a rien à toucher à la mort.

Quant aux recettes complémentaires, elles servent d'abord à payer les frais de gestion, qui doivent être très minimes, puisque la commune doit fournir locaux, livrets et registres, qu'il n'y a pas de charges fiscales, que les fonctions sont gratuites.

Ces recettes servent à constituer deux comptes qu'il importe de bien distinguer.

a) Le Compte « fonds disponible », dont la Société pourra

affecter, soit le capital, soit les intérêts, à des allocations ou à des secours. Ce fonds sera employé conformément à l'art. 20 de la loi, c'est-à-dire, soit en des valeurs choisies dans la 1 ste donnée par cet article, soit en dépôt aux Caisses d'epargne, soit en immeubles de placement, à concurrence des 3/4 de l'avoir, soit en compte courant disponible à la Caisse des dépôts et consignations. Comme ce dernier mode de placement procure un intérêt de 4 1/2 o/o, il est vraisemblable qu'il aura toutes les faveurs des sociétés approuvees.

b) Le compte « fonds commun inaliénable », dont les intérêts peuvent être affectés à des pensions ou à des allocations, le capital ne pouvant jamais être retiré. Ce fonds est constitué à la Caisse des Dépôts et Consignations; il lui est servi un intérêt de 4 1/2 0/0, et il est grossi d'importantes subventions de l'Etat. Ces subventions encouragent à constituer un fonds commun des sociétés, qui sans cela préféreraient garder la disponibilité de leurs réserves.

J'ajouterai que le fonds commun est le seul qui permette de constituer de véritables pensions allouées pour toute la vie du titulaire; sur le fonds disponible, on ne peut allouer que des allocations annuelles, renouvelables sans doute, mais qui n'en sont pas moins subordonnées à un nouveau vote de l'assemblee générale.

La question de savoir comment seront réparties les recettes complémentaires, entre les deux fonds auxquels elles sont destinées, le disponible et l'inaliénable, est une de celles qui doivent le plus gravement préoccuper et les redacteurs des statuts d'abord, et ensuite, étant donné que ces statuts laissent forcément une certaine latitude, les administrateurs de la Société.

Il faut un fonds disponible, afin que, dans les débuts surtout, une partie du capital puisse être employé à fonds perdu au profit des pensionnés. La Société qui ne disposerait jamais que du revenu de ses recettes complémentaires, ferait l'affaire des générations futures au détriment certain des générations présentes. C'est sans doute œuvre fort méritoire, mais on ne peut pourtant faire abstraction des générations actuelles; il est donc naturel que, dans les premiers temps par exemple, une partie des cotisations des honoraires, ou des reserves constituées grâce à elles, soit consacrée en capital à grossir les pensions.

Il faut un fonds inaliénable, parce que seul il permet de constituer de vraies retraites, parce que seul il reçoit les subventions de l'Etat, parce qu'il est la garantie des jeunes membres de la Caisse, l'espoir des générations futures.

Nos statuts obligent donc à constituer un fonds inaliénable en y versant chaque année le sixième des cotisations des membres honoraires. De cette façon il s'accroîtra forcément. Il s'accroît forcément aussi des intérêts inutilisés chaque année (art. 21 de la loi, 6° alinéa). Enfin le Conseil et l'Assemblée générale examineront à chaque exercice, en tenant compte des considérations que nous avons exposées ou que nous exposerons à propos des constitutions de pensions, si ils doivent opérer sur le fonds disponible des prélèvements au profit du fonds inaliénable.

LIQUIDATION DES RETRAITES. — Supposons maintenant la Société en marche et l'heure venue de fournir des retraites.

Il y a lieu de procéder à deux opérations :

a) « La liquidation de la retraite due au livret individuel ». Cette liquidation est faite par les soins de la Caisse nationale; elle a lieu suivant les règlements en vigueur, sur lesquels nous n'insisterons pas.

L'entrée en jouissance de la pension peut, d'après la loi sur la Caisse nationale, être fixée librement par le titulaire à partir de 50 ans. Mais nous estimons que les statuts de la Caisse doivent le contraindre à ne la fixer qu'à un âge plus élevé, 65 ans par exemple.

Au surplus, si les infirmités venaient plus tôt, les règlements de la Caisse nationale (art. 11 de la loi de 1886 et 20 du décret du 28 décembre 1886) autoriseraient une liquidation prématurée.

Les pensions constituées à la Caisse des retraites s'enrichissent des majorations prévues par la loi du 20 décembre 1895, modifiée par celle du 13 avril 1898. Ces majorations profitent d'abord aux Français âgés de 68 ans qui ont effectué pendant 19 années au moins des actes de prévoyance, et ne jouissent pas, y compris la rente dont la majoration est demandée, d'un revenu personnel, viager ou non, supérieur à 360 fr. (Décret, 8 octobre 1899.)

Une majoration supplémentaire est accordée aux pensionnaires de la Caisse des retraites qui, en outre des conditions précédentes, justifient avoir élevé plus de trois enfants jusqu'à l'âge de 3 ans.

b) « Le règlement des suppléments à fournir par la Caisse ». Ces suppléments peuvent se présenter, soit sous la forme de pension viagère, soit sous la forme d'allocation annuelle.

La pension viagère ne peut être fournie que sur les revenus du fonds commun inaliénable. La pension résultant d'une attribution faite par l'Assemblée générale, pour toute la vie du pensionné, a un caractère de permanence assurée que n'a pas l'allocation. Pour ce motif, la Caisse devra ménager les revenus de son fonds inaliénable de façon à pouvoir en attribuer une part à chaque associé. Exemple : une Caisse qui a 600 fr. de revenu sur le fonds inaliénable, et deux pensionnés à pourvoir la première année, fera bien de ne leur allouer que 50 fr. par exemple (ces chiffres sont pris au hasard et doivent varier suivant les circonstances); se réservant ainsi disponibles 500 fr. de revenus pour les pensionnés à pourvoir les années suivantes, quitte à augmenter la rente par des allocations annuelles.

Les allocations annuelles sont prises soit sur le capital, soit sur les intérêts des fonds disponibles conformément aux statuts; elles peuvent être prélevées aussi sur la partie non affectée aux pensions du fonds inaliénable.

Ces allocations serviront tout d'abord à fournir en allocations à titre de compensation, ce qui ne pourrait être fourni en pension. Supposons à titre d'exemple que la Caisse dont nous parlions plus haut et dont le fonds inaliénable produit 600 fr. de revenu, a attribué ses 600 fr. Aucun vide ne s'est produit, le fonds ne s'est pas augmenté, on ne peut donc faire une pension à un membre qui pourtant remplit les conditions voulues d'âge et de sociétariat. La Caisse a été imprévoyante, ou bien quelques cas de longévité exceptionnelle sont venus détruire les calculs.

Pour que le sociétaire soit aussi bien traité que les autres, on lui fournira en allocation annuelle ce qu'il aurait dû avoir en pension, jusqu'à ce qu'une vacance permette de lui fournir à son tour une pension régulière.

En second lieu, ces allocations serviront à compléter les pensions. L'allocation annuelle compromet moins l'avenir, et permet l'équitable répartition; aussi une société prudente fera-t-elle bien de constituer des pensions viagères modestes, sauf à les relever par des allocations annuelles. Sans doute ces allocations annuelles doivent, elles aussi, être servies avec régularité. La Caisse qui donnerait une année 50 fr. d'allocation en moyenne à chaque membre, rien l'année suivante, 10 fr. ensuite, n'offrirait pas à ses adhérents ce qu'ils attendent d'elles : une prestation régulière et permanente. Je veux dire seulement qu'à la rigueur, si les prévisions des administrateurs étaient déjouées, ils trouveraient dans une réduction des allocations annuelles le moyen d'équilibrer leur budget.

Les retraites et les allocations renouvelables dont nous venons de parler ne peuvent être servies qu'aux membres ayant au moins quinze ans de sociétariat et l'âge fixé par les statuts. Cet âge, avons-nous dit d'après la loi, pourrait être fixé à cinquante ans ; c'est beaucoup trop bas, nous ne saurions assez conseiller 65 ans.

Mais cette règle tout d'abord n'est-elle pas trop dure pour ceux qui, avant cet âge, seraient atteints par les infirmités ?

Oui, incontestablement. Aussi l'art. 31 des statuts autorise-t-il l'Assemblée générale à accorder une allocation annuelle aux membres participants devenus infirmes ou incurables avant d'avoir atteint l'âge de la retraite ou les quinze ans de sociétariat. Ces allocations sont imputées sur les fonds disponibles.

Cette même règle peut également être gênante pour admettre au début et sans limite d'âge des membres participants. La nécessité de 15 ans de sociétariat reporterait à une trop lointaine échéance les participants âgés par exemple de 60 ans ; et cependant, il faudrait bien à eux aussi permettre l'accès des Caisses, qui rendraient ainsi des services immédiats. Nous n'avons donc pas hésité à insérer dans l'art. 7 des statuts le droit d'entrer sans limite d'âge, parce que nous estimons que l'art. 31 des statuts pourra ordinairement être invoqué au profit des membres âgés de 65 ans. L'infirmité n'est pas seulement la privation d'un membre ou d'une faculté ; c'est bien aussi une certaine faiblesse générale, qui épargne rarement les vieillards âgés de plus de 65 ans. Donc à cet âge, si on ne peut leur donner de pension véritable, on pourra du moins leur servir une allocation annuelle renouvelable et c'est suffisant.

Enfin notons encore une limitation importante résultant de l'art. 28.

Un sociétaire ne doit pas recevoir d'une société approuvée, ni même de plusieurs, des pensions dont le montant ou le total serait supérieur à 360 fr. Cette règle est sanctionnée par la menace pour la Société de perdre les avantages concédés par la loi.

Les administrateurs doivent donc y veiller.

La règle est d'une application facile à l'égard des participants inscrits à la Caisse de retraites seulement. Mais il arrivera qu'en même temps ils seront inscrits à une Société de secours et de maladie, laquelle fournit parfois de petites retraites. On fera donc bien de s'informer et d'exiger, par exemple, du pensionné, au moment de la délivrance de sa retraite, la déclaration qu'il ne touche aucune pension, ou qu'en tous cas le total n'excède pas 300 fr.

Sur quelle base dévront être faites les répartitions ?

La Caisse s'efforce de fournir des suppléments aussi élevés que possible, mais elle n'en garantit pas le montant. Nous n'avons donc pas voulu insérer dans les statuts une base de répartition qui aurait pu créer l'apparence d'un droit pour les participants. Il est clair néanmoins que la plus grande équité doit présider à la répartition votée par l'Assemblée générale sur la proposition du Conseil. On doit faire entrer en ligne de compte la durée du sociétariat de chaque ayant-droit, et donner plus au sociétaire qui s'est fait inscrire jeune. Sans doute, celui-ci a déjà un livret bien pourvu, et l'on pourrait être tenté de lui donner moins qu'au retardataire dont le livret ne fournit qu'une médiocre pension. C'est une tendance à laquelle il faudra savoir résister en se souvenant que nos caisses sont des œuvres de prévoyance et non d'assistance ; il faut encourager et favoriser les prévoyants, mais se bien garder de donner une prime aux tard venus, qui seraient tentés d'entrer avec la seule intention de profiter du fonds commun. Chaque caisse au surplus pourra au moment des constitutions de retraites, après mûre réflexion, fixer un chiffre de retraites ou d'allocations proportionnel aux années de sociétariat. Ex. 1,50 de pension par année de sociétariat, 1,50 d'allocation ; l'inscrit pendant 30 ans toucherait 45 + 45 = 90 fr. Cette base devrait être fixée de façon à pouvoir servir de façon pour ainsi dire permanente de base aux répartitions, les changements du moins n'intervenant que dans le sens de l'augmentation.

Nous avons cru ces explications utiles pour exposer aux fondateurs le mécanisme général de l'institution et du but à atteindre. Sans doute, elles ne prévoient pas tout ; mais la pratique et l'expérience leur permettront de résoudre les difficultés bien mieux que nous ne saurions le faire ; ils pourront, au surplus s'adresser en toutes circonstances à l'Union du Sud-Est pour plus amples informations.

Formalités préliminaires

Nous supposons donc les statuts adoptés par une première réunion des fondateurs, c'est-à-dire des quelques membres influents du Syndicat et à la suite de l'adhésion obtenue des premiers membres participants.

Il faut alors dans une « assemblée préliminaire » constituer un bureau provisoire et, par la même délibération, demander l'approbation des statuts.

Le bureau, ou du moins la personne qui d'après les statuts représente la caisse auprès des pouvoirs publics, transmet au préfet ou au sous-préfet :

1° Quatre exemplaires des statuts, dont un signé par tous les fondateurs et trois certifiés pour copie conforme par le président ;

2° Quatre exemplaires de la délibération nommant le bureau et demandant l'approbation ;

3° Quatre exemplaires de la liste des membres fondateurs, avec indication exacte de leurs noms et prénoms, adresses et professions.

Toutes ces pièces seront établies sur papier libre.

Aussitôt après réception de l'approbation, la Société doit se réunir pour constituer son bureau définitif et arrêter, s'il y a lieu, un réglement intérieur.

Les communes étant obligées de fournir aux sociétés approuvées, les locaux, les registres et les livrets, il y a lieu d'adresser une demande en forme au maire, sans craindre de grever outre mesure le budget communal, puisque, au cas d'insuffisance des ressources des communes, cette dépense est mise à la charge du département.

Nous rappelons enfin que tous les actes intéressant les sociétés approuvées sont dispensés de timbre et d'enregistrement.

CAISSE LIBRE

Nous avons déjà signalé les différences qui existent entre la société approuvée et la société libre. Nous avons pensé que la forme approuvée aurait les préférences des mutualistes à cause des privilèges qui y sont attachés, notamment le droit au taux avantageux de 4 1/2 d'intérêt, ainsi qu'aux subventions ; et comme les fonds iront vraisemblablement tous, soit à la Caisse nationale des retraites, soit à la Caisse des Dépôts et Consignations, la tâche des administrateurs est fort simplifiée.

Dans la Caisse libre, au contraire, « les fonds sont librement employés » et si dans notre art. 24 modifié nous avons indiqué limitativement les placements à faire, c'est uniquement une mesure de prudence que les sociétés feront bien d'adopter, tout en ajoutant ou en retranchant, suivant les circonstances.

Quoi qu'il en soit, il est clair que c'est là pour les administrateurs une source d'embarras. Sans doute, les livrets pourront être pris à la Caisse nationale des retraites pour y verser les cotisations des participants, mais pour l'emploi des recettes complémentaires, il faudra, chaque fois qu'il y aura des fonds en caisse, leur chercher un emploi, et on trouvera sans doute difficilement un placement aussi avantageux que le 4 1/2 de la Caisse des Dépôts.

Néanmoins, on conçoit que cette forme puisse convenir dans certaines conditions.

Ainsi, les caisses qui voudraient constituer des pensions supérieures à 360 fr., celles qui trouveraient à leur portée des placements avantageux, la préféreront sans doute, et nous désirerions, pour notre part, nous plaçant au point de vue économique, voir fonder des Sociétés se passant le plus possible des caisses de l'État, et utilisant l'épargne agricole au profit de l'agriculture elle-même.

La société libre jouira également d'une « plus grande liberté pour l'attribution des retraites ». Elle pourrait les constituer même sur son fonds disponible, et en ce qui concerne le fonds commun que nous dénommons ici fonds de réserve, on pourrait à la rigueur en consommer non seulement les intérêts, mais encore le capital.

Néanmoins il nous a paru sage de maintenir dans les statuts de la caisse libre les principes fondamentaux que nous avons adoptés pour la caisse approuvée. Les pensions seraient prises sur les intérêts du fonds de réserve, les allocations sur le surplus de ces intérêts et sur le fonds disponible, la même prudence enfin et le même esprit d'équité devraient présider aux répartitions.

Comme rien n'est prévu dans la loi relativement à la liquidation, nous avons dû en prévoir les règles dans l'article 47.

La Caisse libre doit aussi déposer ses statuts à la sous-préfecture, ainsi que la liste des noms et adresses de toutes les personnes qui, sous un titre quelconque, seront chargées à l'origine de l'administration ou de la direction.

La Caisse ne peut fonctionner qu'un mois après ce dépôt.

Statuts d'une Caisse approuvée

Caisse mutuelle de retraites du Syndicat de.....

CHAPITRE PREMIER. — FORMATION ET BUT DE LA SOCIÉTÉ.

ARTICLE PREMIER. — Une société mutuelle est établie à......., sous le nom de *Caisse mutuelle de retraites du Syndicat de .....* Elle se recrute parmi les membres du syndicat de.......... (1)

Elle a pour but :

1° De leur constituer des pensions de retraites ;

2° De leur donner des allocations annuelles renouvelables;

3° D'allouer des secours aux ascendants, aux veufs, aux veuves ou orphelins de leurs membres participants décédés.

CHAPITRE II. — COMPOSITION DE LA SOCIÉTÉ. CONDITIONS D'ADMISSION.

ART. 2. — La Société se compose de membres honoraires et de membres participants.

ART. 3. — Les membres honoraires sont ceux qui, par leurs souscriptions ou par des services équivalents, contribuent à la prospérité de la Société sans participer à ses avantages. Ils doivent être membres du syndicat. Ils ne sont soumis à aucune condition d'âge, de domicile ou de nationalité.

ART. 4. — Les membres participants sont ceux qui ont droit à tous les avantages assurés par l'Association, en échange du paiement régulier de leur cotisation.

Les mêmes avantages sont assurés à tous les membres participants, sans autre distinction que celle qui résulte des cotisations fournies et des risques apportés (2).

ART. 5. — Les femmes (3) et les enfants (4) peuvent faire partie de la Société. Les sociétaires mineurs peuvent assister aux assemblées, mais ne sont pas admis à voter.

ART. 6. — L'admission est de droit à la fin du trimestre au cours duquel la demande s'est produite, pour tout syndiqué

---

(1) Pour une société communale formée dans un syndicat cantonal, on ajoutera : habitant la commune de.....

(2) Condition imposée par l'art. 2 de la loi.

(3) Les femmes n'ont pas besoin de l'assistance de leur mari (art. 3 de la loi). Aux termes de cet article, les femmes peuvent aussi créer, administrer et diriger une Société. Si elles sont mariées, elles ne peuvent l'administrer et la diriger qu'avec les autorisations de droit commun.

(4) Les mineurs peuvent faire partie de la Société sans l'intervention de leur représentant légal.

qui, étant dans les conditions de l'art. 1 et de l'art. 7, en fait la demande.

Les membres honoraires sont admis sur leur demande par le Conseil.

Sont assimilés aux membres du syndicat les femmes et les enfants d'un syndiqué qui habitent avec lui. Les orphelins de père et de mère mineurs conservent le bénéfice de cette assimilation jusqu'à 21 ans.

ART. 7. — Pour être admis à titre de membre participant, le candidat doit :

N'être pas âgé de plus de... ans (5). Néanmoins, pendant le cours des... (6) années qui suivront la fondation de la Caisse, tous les membres du syndicat pourront être admis sans limite d'âge, par l'Assemblée générale.

Ne pas être affilié à une autre Société de secours mutuels en vue d'en tirer une rente qui, jointe à celle que doit lui procurer la nouvelle affiliation, lui assurerait une pension annuelle supérieure à 360 fr. (7).

CHAPITRE III. — ADMINISTRATION.

ART. 8. — La Société est administrée par un Conseil, composé d'un président, un vice-président, un secrétaire, un trésorier et.... administrateurs (8).

Ces fonctions sont gratuites (9).

ART. 9. — L'administration de la Société ne peut être confiée qu'à des Français majeurs, de l'un ou l'autre sexe, non déchus de leurs droits civils ou civiques, sous réserve, pour les femmes mariées, des autorisations de droit commun (10).

ART. 10. — Tous les membres du Conseil sont élus au bulletin secret, en Assemblée générale, et ne peuvent être choisis que parmi les membres honoraires ou participants (11).

Nul n'est élu au premier tour de scrutin s'il n'a réuni la majorité absolue des suffrages. Au deuxième tour, l'élection a lieu à la majorité relative; dans le cas où les candidats obtiendraient un nombre égal de suffrages, l'élection est acquise au plus âgé.

---

(5) Par exemple 45 ans.
(6) 1 à 3 ans.
(7) Clause nécessitée par l'art. 28 de la loi.
(8) 3 ou 5.
(9) Cette disposition n'empêche pas que les sociétés nombreuses aient, pour assurer le fonctionnement de leurs services, un ou plusieurs agents rétribués,
(10) Art. 3 de la loi.
(11) Art. 3 de la loi.

Le Bureau sera nommé par le Conseil.

ART. 11. — Le Conseil est élu pour trois ans. Il sera renouvelable par tiers chaque année et les membres en seront rééligibles indéfiniment.

Le premier Conseil procédera par voie de tirage au sort pour désigner ceux de ses membres qui seront soumis à la réélection chaque année.

Il en sera de même du Conseil qui serait élu à la suite d'une démission collective des administrateurs en exercice.

Il est pourvu provisoirement, par le Conseil, au remplacement des membres décédés ou démissionnaires; ses choix sont soumis à la ratification de la plus prochaine Assemblée générale.

Les administrateurs ainsi nommés ne demeurent en fonctions que pendant la durée du mandat qui avait été confié à leurs prédécesseurs.

Les membres du Bureau sont élus chaque année par le Conseil, après l'Assemblée générale. Ils sont rééligibles pendant toute la durée de leur mandat d'administrateurs.

ART. 12. — Le président assure la régularité du fonctionnement de la Société, conformément aux statuts.

Il adresse dans les trois premiers mois de chaque année, au Préfet:

1° La statistique de l'effectif de la Société (12).

2° Le compte rendu de la situation morale et financière de la Société (13) présenté par le Conseil à l'Assemblée générale.

Il est chargé de la police des assemblées; il signe tous les actes, arrêtés ou délibérations; il représente la Société en justice et dans tous les actes de la vie civile.

ART. 13. — Le vice-président seconde le président dans toutes ses fonctions.

Il le remplace en cas d'empêchement.

En cas d'empêchement du président et du vice-président, l'administrateur le plus âgé et le plus ancien au Conseil les remplace.

ART. 14. — Le secrétaire est chargé des convocations, de la rédaction des procès-verbaux, de la correspondance et de la conservation des archives. Il tient le registre matricule des membres de la Société et présente au Conseil les demandes d'admission.

En cas de maladie d'un membre participant et en vue de

---

(12) Art. 7 de la loi.
(13) Art. 29 de la loi.

l'application de l'art. 16, le secrétaire avise le président et les visiteurs, s'il en a été désigné.

En cas de décès, il règle tout ce qui a rapport aux funérailles.

Art. 15. — Le trésorier fait les recettes et les paiements ; il tient les livres de la comptabilité.

Il est responsable de la caisse contenant les fonds et les titres de la Société (14).

Il paie sur mandats visés par le président.

Il délivre aux sociétaires, au moment de leur admission, des cartes ou livrets sur lesquels est constaté le paiement des cotisations.

En ce qui concerne les titres et valeurs au porteur, il se conforme à l'article 20 de la loi du 1er avril 1898.

Il touche, avec l'autorisation du Conseil, le montant du remboursement des rentes ou valeurs nominatives qui seraient amorties.

Sur la décision du Conseil, il peut vendre les valeurs mobilières jusqu'à concurrence d'une somme fixée annuellement par l'Assemblée générale (15).

Il peut, avec l'autorisation du Conseil, signer toutes feuilles de conversion, de transfert ou de remboursement, consentir l'annulation de tous titres ou certificats nominatifs, faire toutes déclarations, acquitter tous impôts, etc.

Art. 16. — Des visiteurs choisis par le Conseil, parmi les membres honoraires ou participants, peuvent être chargés d'aller visiter les membres retraités malades, ou ceux qui pourraient avoir droit à une allocation en vertu des art. 33 et 34, de leur porter les pensions ou secours servis par la Société, de faire le nécessaire pour qu'ils puissent recevoir les pensions servies par la Caisse nationale des retraites.

Art. 17. — Le Conseil se réunit chaque fois qu'il est convoqué par le président et au moins tous les trois mois.

La convocation est obligatoire quand elle est demandée par la majorité des membres du Conseil.

Le Conseil ne peut délibérer valablement que si trois membres au moins assistent à la séance.

Art. 18. — La Société (16) se réunit en Assemblée générale

---

(14) Lorsque la Société emploie des agents rétribués, le règlement intérieur peut également les rendre responsables des fonds et titres qui leur sont confiés.

(15) Cette fixation peut aussi être faite par un règlement intérieur.

(16) Composée des membres honoraires et participants (Art. 2 des présents statuts).

ordinaire une (17) fois par an, pour entendre la lecture des rapports qui lui sont présentés, et statuer sur les questions qui sont soumises par le Conseil;

En outre, le président peut toujours convoquer une Assemblée générale dans les cas graves et urgents.

La convocation est obligatoire quand elle est demandée, soit par le quart des membres de la Société ayant le droit de vote, soit par la majorité des membres du Conseil.

ART. 19. — L'Assemblée générale, qui délibère dans les cas autres que ceux qui sont prévus dans l'article qui suit, doit être composée du quart au moins des membres de la Société présents ou représentés. Si elle ne réunit pas ce nombre, la délibération est ajournée; une nouvelle assemblée est convoquée dans le délai d'un mois au plus, et elle délibère valablement, quel que soit le nombre des sociétaires présents.

Les délibérations sont prises à la majorité des voix.

ART. 20. — L'Assemblée générale extraordinaire, qui délibère sur des modifications aux statuts, doit être composée du quart au moins des membres présents.

L'Assemblée générale extraordinaire, qui délibère sur la dissolution volontaire de la Société, ne peut statuer qu'à la majorité des deux tiers des membres présents, et à la majorité des membres de la Société ayant le droit de vote (18).

L'Assemblée générale extraordinaire, qui statue sur les acquisitions, ventes ou échanges d'immeubles, doit être composée de la moitié au moins des membres de la Société ayant le droit de vote, présents ou représentés, et ne peut statuer qu'à la majorité des trois quarts des voix (19.) Les convocations aux assemblées prévues par cet article, doivent être envoyées au moins huit jours avant la date de l'Assemblée, avec indication de l'ordre du jour.

ART. 21. — Est nulle et non avenue toute décision prise dans une réunion de l'Assemblée générale qui n'a pas fait l'objet d'une convocation régulière, ou portant sur une question qui ne figurait pas à l'ordre du jour.

ART. 22. — Toute discussion politique, religieuse ou étrangère au but de la mutualité, est interdite dans les réunions du Conseil et de l'Assemblée générale.

Il est interdit aux membres du Conseil de se servir de leur titre en dehors des fonctions qui leur sont attribuées par les statuts.

---

(17) Ou plusieurs.
(18) Article 11 de la loi.
(19) Article 20 de la loi.

CHAPITRE IV. — ORGANISATION FINANCIÈRE.

ART. 23. — Les recettes de la Société sont de deux sortes : les recettes normales et les recettes complémentaires.

Les recettes normales sont :

1° Les cotisations des membres participants;

2° Les versements que les participants effectuent volontairement pour accroître leurs pensions, ou ceux qui seraient effectués en leur nom.

Les recettes complémentaires sont :

1° Les cotisations des membres honoraires ;

2° Le produit des amendes ;

3° Les dons et legs dont l'acceptation, s'il y a lieu, a été approuvée par l'autorité compétente (20).

4° Les subventions accordées par l'Etat, le département, la commune ou les particuliers ;

5° Le produit des fêtes, tombolas régulièrement autorisées, collectes, etc., organisées par la Société ;

6° Les intérêts produits par tous ces fonds.

ART. 24. — Les cotisations des membres participants et les versements supplémentaires effectués en leur nom, sont entièrement versés par le trésorier de la Société sur le livret individuel à la Caisse nationale des retraites pour la vieillesse, à la fin de chaque trimestre, c'est-à-dire avant les 1er janvier, 1er avril, 1er juin, 1er octobre.

Les recettes complémentaires servent d'abord à payer les frais de gestion, puis à constituer, soit un fonds disponible destiné à faire face aux frais de gestion, aux allocations renouvelables, aux secours, soit un fonds commun inaliénable destiné à servir des compléments de retraite.

Le fonds disponible est placé conformément à l'art. 20 de la loi, et notamment en compte courant disponible à la Caisse des Dépôts et Consignations, en dépôt aux Caisses d'épargne, en fonds de l'Etat, en obligations des départements et des communes, du Crédit Foncier de France, ou des Compagnies de Chemin de fer qui ont une garantie d'intérêts de l'Etat, ou en immeubles à concurrence des 3/4 de l'avoir de la Société.

Le fonds commun est placé à titre inaliénable à la Caisse des Dépôts et Consignations. Il est alimenté : 1° par le 1/6 des cotisations des membres honoraires ; 2° par des prélèvements opérés sur les fonds disponibles, sans qu'ils puissent

_____

(20) Article 17 de la loi.

dépasser le quart de ce fonds, et seulement à la suite d'un vote de l'Assemblée générale, sur la proposition du Conseil, qui reste libre de faire ou de ne pas faire cette proposition.

ART. 25. — Le trésorier ne peut conserver en caisse une somme supérieure à 500 francs.

CHAPITRE V. — OBLIGATIONS DES SOCIÉTAIRES.

ART. 26. — Les membres participants s'engagent à payer une cotisation annuelle de 12 francs (21), payable par quart et par trimestre. Ils peuvent aussi verser une cotisation supplémentaire destinée à être versée, comme la cotisation elle-même, sur le livret individuel. Ce supplément doit représenter un nombre exact de francs.

ART. 27. — Les membres honoraires payent une cotisation annuelle dont le minimum est de 6 francs. Elle peut se racheter par un versement unique de douze fois la cotisation consentie (22).

ART. 28. — Le versement de la cotisation des membres participants s'effectuera le 1er dimanche de décembre (pour l'année suivante), de mai, de juin, de septembre, dans la salle habituelle de la société à .... Le sociétaire sera porteur de son livret de sociétaire et, s'il l'a en mains, de son livret à la Caisse nationale. Le versement de la cotisation sera constaté par émargement sur le livret, signé par le trésorier ou l'administrateur qui le remplace.

Les membres honoraires acquittent leur cotisation sur la quittance détachée d'un carnet à souche qui leur est présentée.

ART. 29. — Chaque membre participant est obligé, sauf le cas de force majeure, de se rendre aux assemblées générales et à toutes les convocations statutairement faites.

ART. 30. — Les membres participants sont tenus, sauf excuse approuvée par le Conseil, d'assister aux funérailles des membres de la Société décédés dans la commune qu'ils habitent ; ils y sont convoqués par avis spécial. La réunion a lieu à .... Les lettres d'avis sont retirées à la sortie du cimetière.

CHAPITRE VI. — OBLIGATIONS DE LA SOCIÉTÉ.

ART. 31. — Tout membre participant reçoit, dès son admission dans la Société, un livret de la Caisse nationale des retraites

---

(21) Ou davantage, par exemple 16 ou 20.
(22) Ou dix fois.

pour la vieillesse donnant droit à une pension de retraite garantie à l'âge de...... (23).

Le membre participant indique, en prenant son livret, s'il entend que les versements soient faits à capital aliéné ou à capital réservé.

Il peut, à un moment quelconque, faire une déclaration d'aliénation du capital, en vue d'obtenir une augmentation de la rente.

Avant le 1er janvier, le 1er avril, le 1er juillet, le 1er octobre, le trésorier de la Société verse sur chacun de ces livrets :

1° La cotisation du membre participant ;

2° Les versements volontaires effectués en leur nom pour accroître leurs pensions.

ART. 32. — Chaque année, l'Assemblée générale accorde, sur les revenus du fonds commun, des pensions dont elle fixe le montant en tenant compte de la durée du sociétariat, et désigne les titulaires. Ceux-ci doivent être âgés d'au moins...... ans (24), et avoir acquitté la cotisation pendant 15 ans au moins.

En aucun cas, l'Assemblée générale n'allouera de pensions qui, jointes à celles auxquelles le participant aurait droit dans d'autres sociétés, dépasseraient 360 francs.

ART. 33. — L'Assemblée générale fixe annuellement le montant d'une allocation renouvelable de retraite destinée, soit aux participants qui, ayant atteint l'âge de....... et ayant 15 ans de sociétariat, n'auraient pu recevoir de pensions sur les revenus du fonds commun, soit à servir un complément à ceux qui n'auraient eu qu'une pension insuffisante.

La répartition est faite par l'Assemblée générale sur la proposition du Conseil, en tenant compte de la durée du sociétariat.

Cette allocation est prise sur les revenus du fonds commun, ou sur le fonds disponible. Elle ne peut excéder le montant des cotisations des membres honoraires, déduction faite de la part attribuée au fonds commun (25) plus 1/10 du fonds disponible.

ART. 34. — Une allocation renouvelable peut encore être accordée par l'Assemblée générale, aux membres participants devenus infirmes ou incurables avant d'avoir atteint l'âge de

---

(23) 50 ans au moins d'après l'art. 25. Mais cet âge doit être aussi élevé que possible, par ex. 65 ans.
(24) Même observation que ci-dessus.
(25) V. art. 24 des statuts.

la retraite ou les quinze ans de sociétariat, ainsi qu'aux retraités devenus infirmes ou très âgés.

Des secours peuvent être alloués par l'assemblée générale aux ascendants, aux veufs ou veuves ou orphelins des membres participants décédés.

Ces dépenses sont imputées sur les fonds disponibles en caisse ou en compte courant et en dehors de la proportion de l'article précédent.

ART. 35. — Les livrets de retraite sont la propriété des participants qui les emportent, dans le cas où ils viennent à quitter la Société.

ART. 36. — L'Assemblée générale peut aussi admettre comme participants les membres honoraires atteints de revers de fortune, et leur allouer, soit des pensions viagères, soit des allocations renouvelables, soit des indemnités conformément aux art. 32, 33, 34. En ce cas, les années de sociétariat sont comptées du jour où ces membres sont entrés dans la Société comme honoraires (26).

CHAPITRE VII. — POLICE ET DISCIPLINE.

ART. 37. — Le règlement concernant la police des séances est arrêté par le Conseil. Aucune peine ne peut être établie en dehors de celles fixées par les statuts.

ART. 38. — Tout membre qui ne remplit pas les fonctions statutaires qui lui sont confiées, tout visiteur qui ne s'est pas acquitté régulièrement de sa mission, encourt, sauf excuse reconnue valable par le Conseil, une amende de 2 fr. pour chaque infraction.

Tout membre qui fait des déclarations sciemment inexactes et préjudiciables à la Société, ou qui favorise volontairement les fraudes et les fausses déclarations d'autres sociétaires, encourt une amende de 5 fr.

Tout membre participant qui n'assiste pas aux assemblées générales encourt, sauf excuse reconnue valable par le conseil, une amende de 1 fr.

Tout membre qui trouble le cours des séances ou se présente à l'assemblée en état d'ivresse, encourt une amende de 2 fr. et est tenu de quitter l'assemblée.

---

(26) Au lieu de se faire inscrire comme membres honoraires, un autre moyen pratique de venir en aide à la Société serait, pour les personnes simplement aisées, de se faire inscrire comme membres participants, de verser à capital réservé, puis, arrivées à l'âge de la retraite, d'en faire abandon à la Caisse si elles n'en ont pas besoin, et de faire don du capital à la Caisse par cession ou testament.

Tout membre qui prononce des paroles injurieuses contre les membres du Conseil encourt une amende de 2 fr.

Tout membre qui, dans une réunion, soulève une question politique ou religieuse est, pour ce fait seul, condamné à une amende de 5 francs. Cette amende est de 10 francs pour les membres du Conseil.

Tout membre en retard du paiement de sa cotisation paiera une amende de 1 franc pour un retard de 3 mois, 2 francs pour un retard de 6 mois, sans préjudice de l'application de l'art. 40 s'il y a lieu.

ART. 39. — Les amendes sont exigibles avant la cotisation. Le membre participant qui refuse de payer celles auxquelles il a été condamné, peut être exclu de la Société.

CHAPITRE VIII. — RADIATION. — EXCLUSION.

ART. 40. — Cessent de faire partie de la Société, les membres participants qui n'ont pas payé leurs cotisations depuis sept mois, et les membres honoraires, s'ils n'ont pas payé dans les premiers mois de l'année qui suit celle à laquelle la cotisation était afférente.

Cependant il peut être sursis par le Conseil à l'application de cet article, pour les membres qui prouvent que des circonstances indépendantes de leur volonté les ont empêchés d'effectuer le paiement de leur cotisation.

ART. 41. — Cessent aussi de faire partie de la Société les membres participants et honoraires qui, pour un motif quelconque, cessent de faire partie du syndicat. En cas de dissolution du syndicat, la Caisse continuera à fonctionner entre ses adhérents et se recrutera librement parmi les personnes appartenant à la profession agricole dans la commune de........ Néanmoins l'assemblée générale de la Caisse pourra décider que la Caisse sera annexée à un nouveau syndicat qui viendrait à se fonder dans les conditions où elle était annexée à l'ancien.

ART. 42. — Le membre participant appelé sous les drapeaux, qui a acquitté ses cotisations jusqu'au moment de son départ, reste inscrit sur les contrôles de la Société pendant la durée de son service militaire actif, sans avoir rien à payer. Un an après l'expiration de son service, s'il n'a pas repris le paiement de ses cotisations, sa radiation a lieu d'office (27).

ART. 43. — L'exclusion est prononcée en assemblée générale, sur la proposition du Conseil et sans discussion :

---

(27) Il y aura lieu de n'effectuer sa radiation, une fois l'année écoulée, qu'un mois après avertissement par lettre recommandée adressée à son dernier domicile.

1° Contre les sociétaires qui seraient frappés d'une condamnation infamante ;

2° Contre ceux qui se seraient rendus coupables d'un acte contraire à l'honneur ou auraient une conduite déréglée notoirement scandaleuse ;

3° Contre ceux qui auraient causé aux intérêts de la Société un préjudice volontaire et dûment constaté.

Dans les cas prévus par le présent article, et par les articles 39 et 40, le membre participant, dont l'exclusion est proposée, est invité à se présenter devant le Conseil pour être entendu sur les faits qui lui sont imputés ; s'il ne se présente pas au jour indiqué, une nouvelle invitation lui est adressée par lettre recommandée ; s'il s'abstient encore de s'y rendre, son exclusion est, sans autre formalité, proposée à l'assemblée générale.

ART. 44. — Le membre participant démissionnaire, rayé ou exclu, garde la propriété de son livret individuel, conformément à l'article 35, et n'a droit, en aucune façon, au capital social auquel, du reste, il n'a pas participé par ses cotisations ou versements de fonds.

CHAPITRE IX.— MODIFICATIONS AUX STATUTS. DISSOLUTION. LIQUIDATION.

ART. 45. — Les statuts ne peuvent être modifiés que sur la proposition du Conseil ou sur celle d'un quart des sociétaires au moins.

Dans ce dernier cas, la proposition est soumise au Conseil un mois avant la séance où elle viendra en délibération.

Le projet de modification est déposé chez le président, huit jours au moins avant la séance de l'assemblée générale extraordinaire.

Toute modification aux statuts doit être notifiée et publiée conformément à l'art. 4 de la loi du 1er avril 1898. Les modifications aux statuts ne peuvent être mises en vigueur qu'après avoir été approuvées par arrêté ministériel, conformément à l'article 16 de la même loi.

ART. 46. — La dissolution est prononcée dans les formes prescrites par le précédent article.

ART. 47. — En cas de dissolution, la liquidation s'opère suivant les prescriptions de l'article 31 de la loi du 1er avril 1898.

Statuts d'une Caisse libre

Les statuts sont les mêmes que pour une Société approuvée, sauf les modifications suivantes :

ART. 7. — Supprimer le dernier alinéa.

ART. 12. — Supprimer le deuxième.

ART. 24. — Les recettes complémentaires servent d'abord à payer les frais de gestion, puis à constituer, soit un fonds disponible destiné à faire face aux frais de gestion, aux allocations renouvelables, aux secours, soit un fonds de réserve destiné à servir des compléments de retraite.

Ces fonds seront employés suivant décision du Conseil en dépôts aux Caisses d'épargne, en dépôts ou prêts aux Caisses de Crédit agricole mutuel ou achats de parts de ces caisses, en achats d'immeubles conformément à la loi, en prêts hypothécaires en France, en achats de rentes sur l'Etat français, d'obligations du Trésor, des départements, des villes, d'obligations ou d'actions des Chemins de fer ou autres valeurs garanties par l'Etat.

Le fonds de réserve est alimenté: 1º par le........ des cotisations des membres honoraires ; 2º par des prélèvements opérés sur les fonds disponibles à la suite d'un vote de l'Assemblée générale sur la proposition du Conseil.

ART. 32 et 33. — Supprimer dans l'art. 32 le deuxième alinéa.

Remplacer, dans ces articles, *fonds commun* par : fonds de réserve.

ART. 47. — En cas de dissolution, il est prélevé sur l'actif social :

1º Le montant des engagements contractés vis-à-vis des tiers ;

2º Les sommes nécessaires pour assurer les engagements contractés vis-à-vis des participants, notamment par des versements à la Caisse nationale des retraites ;

3º Les dons et legs qui n'auraient été reçus qu'avec obligation d'emploi dans un but déterminé, afin qu'ils soient, autant que possible, utilisés conformément au but du donateur, ou, en cas d'impossibilité, mis à la disposition des héritiers.

Le surplus de l'actif sera, s'il y a lieu, réparti entre les membres participants appartenant à la Société au jour de la dissolution, et versés à titre de bonification à capital aliéné sur leurs livrets individuels.

www.ingramcontent.com/pod-product-compliance
Lightning Source LLC
Chambersburg PA
CBHW060450210326
41520CB00015B/3896